U0165793

基 礎 動 畫 製 作

遠東動畫科技股份有公司　著

五南圖書出版有限公司

目錄

第一章　基本原理

一、動畫的產生

1. 動畫的原理——視覺暫留

　　人的眼睛有所謂「**視覺暫留**」（persistence of vision）的現象，也就是說，眼睛所看見的影像在物體消失後仍然會停留在眼底，稱之為「**殘像**」（afterimage），而不會跟著立即消失。這樣子的現象，能確保人類看東西時，大致上可以保持視覺連貫與流暢，也讓眼睛不需要反覆接受太密集的訊號刺激，例如日光燈在使用時其實是閃爍不停的，只是人類的肉眼察覺不到。

　　如果我們將一個動作分解，從開始到結束分別繪製成多張連續的畫面（frames），每個畫面之間帶有些微差異，快速翻動或播放這些畫面的時候，畫面就動了起來，成了簡單的「動畫」。

2. 拍攝標準速度

　　上述視覺暫留的時間大約是1/16秒，換算下來，人的眼睛每秒最多大約能夠分辨10～12張的影像（images），超過這個上限，人眼就分不出單張的影像了。為了維持畫面動作的連續與流暢，電影拍攝上就訂出了1秒24格的標準拍攝速度，單位為FPS（frames per second，每秒畫面數或稱為每秒影格數）。動畫影片的拍攝也是基於同樣的標準。

3.原畫（關鍵畫）與動畫（中間畫）

「原畫」在動畫製作中又稱爲**關鍵畫**或**關鍵格**（key drawing/key frame），指的是關鍵動作或是動作起止的畫，繪製者稱爲動畫師（animator）。至於「**動畫**」，指的則是兩張關鍵畫之間的分解動作，又以中間畫（inbetweens）稱之；好萊塢的動畫公司通常是由中間畫師（inbetweeners）或動畫師負責塡補關鍵畫之間的過渡動作。

4.時間（timing）、間距（spacing）、節奏（tempo）

時間和間距有著巧妙的不同。**時間**（timing）指的是完成一個動作所需要經過的時間總量，**間距**（spacing）則是中間畫與中間畫之間的距離；在同一個時間內，中間畫越密集，間距越短，則速度越慢，反之則越快。一般關鍵畫與關鍵畫之間的中間畫，會以「軌目」標示之，如圖1-1，圈內數字爲關鍵畫，中間數字爲中間畫，兩端中間畫較密集，故動作與靠近起止時越慢。

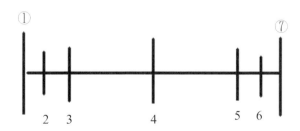

圖1-1

　　動畫情節雖然不必墨守成規，可以用誇張的手法達到娛樂的效果，但還是要以現實狀況爲基礎，在正確的時間長短裡放入適當的動作量，做出來的動畫才能貼近事實並具有可信度；至於要讓做出來的動畫顯得生動有趣，就必須依靠調整間距。

　　時間和間距的配合結果構成了**節奏**（tempo），節奏可以決定視覺效果。同樣都是走路，12畫格呈現出來的大約是一般人的行進速度，輕快、有目的；如果改成16畫格，那麼步伐就會稍微慢一點，表現出較爲輕鬆閒適的心情；再多一點，變成20畫格，步伐將顯得更慢，好像上了年紀的人或是疲累時略顯沉重的腳步；如果用上24畫格，拍攝出來的結果就有如結束一天的辛勤工作，拖著腳慢慢回家的感覺。

二、空間概念

1. 立體感

　　想像一下，站在鐵道旁，看著鐵軌向遠方延伸，是不是會覺得鐵軌越來越小，最後甚至彷彿消失在某個點？這是因為人類具有立體視覺，眼睛看到的影像會將物體實際狀態以一定的規則變形，呈現出空間深淺和距離遠近，基本的特徵就是近者大、遠者小。

　　動畫雖是由一張張平面的圖畫所構成，仍需考慮到畫中人物、景物的立體表現，才能讓觀眾覺得生動。

2. 透視畫法

　　如圖1-2，從側面觀察木棧道和路樹的排列，可以發現路樹大致上是均勻排列的，但地上的木棧道卻因為視線角度的不同，出現了微妙的變化——中間的枕木看起來較短、間距較寬，兩邊的枕木看起來較長、距離較緊密，儘管實際上枕木與枕木之間應該大小相當、距離相同。這些枕木表現出來的就是基本的透視結果。

　　正確的透視能夠清楚表現物體的立體感與空間感，貼合觀者的日常經驗；在動畫製作上，除了場景設計以外，掌握透視還可以增加移動時的流暢程度。

　　設定透視的時候，會先畫一條水平線做為視線位置（稱為**視平線**），再來是決定**消失點**（vanish point），也就是前述看向遠方時，視線沿著物體延伸，最終匯集的一點；像這樣在水平線上只有一

圖1-2

個消失點的透視法，稱之為**一點透視**，是最基本的透視方法。在繪製
透視圖時，消失點是最重要的參考依據。

(1) 一點透視

　　如圖1-3.1，水平線上決定好消失點之後，在消失點右邊不遠處
畫上柱子A做為遠景（離鏡頭／視線較遠），從消失點經過柱子A的
頂端畫出一條參考線；再同樣從消失點開始經過柱子A的尾端畫出參
考線，於是找出了近景（離鏡頭／視線較近）柱子E應該在的位置。

　　有了遠景和近景，接下來要用透視的手法找出中間過程的其他柱
子。以柱子A為起點，從頂端拉一條線到柱子E的尾端，再從A的尾
端畫一條線到E的頂端，兩條線出現交點的地方，就是下一根柱子B
的所在位置。

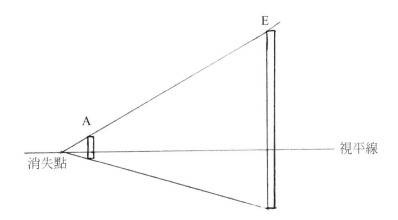

圖1-3.1

　　同樣的方式，這次改以柱子B為起點，一樣用柱子E當做終點，找出下一個交會處而得到下一根柱子C的位置。反覆進行上述動作之後，就可以得到像圖1-3.2一樣的透視結果。

　　透過這張圖可以清楚的發現，當物體離觀看者越靠近時，視覺上看起來就越大，和下一個物體間的距離也比較大。

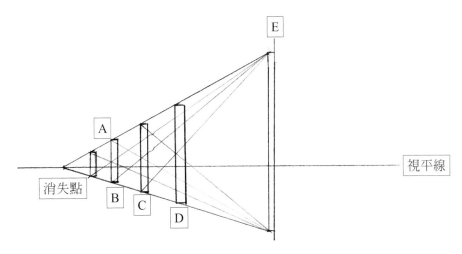

圖1-3.2

(2) 兩點透視

　　當水平線上出現兩個消失點的時候（如圖1-4、1-5），就稱之為**兩點透視**。例如站在路口，正對著前方房子的稜線時，看到的影像就是標準的兩點透視。兩點透視下的空間表現出較強烈的深淺，適合用來表現建築物。

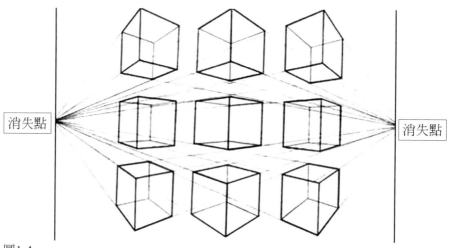

圖1-4

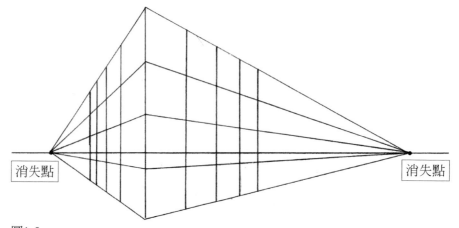

圖1-5

(3) 三點透視

　　如果以兩點透視為基礎，另外在水平線的上或下加入第三個消失點，就成了**三點透視**，這是最複雜的透視畫法，也最能營造出物體的立體感，如圖1-6。

　　當第三個消失點定在水平線上方時，得到的是仰望的效果；而當第三個消失點出現在水平線下方時，則呈現俯瞰的感覺（圖1-7）。

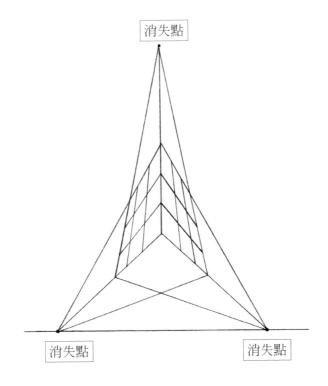

消失點

消失點　　　　　　消失點

圖1-6

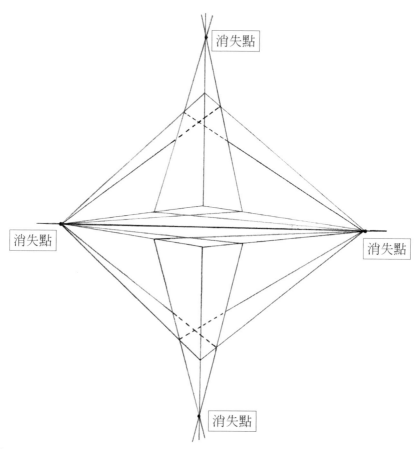

消失點

消失點

消失點

消失點

圖1-7

三、繪畫工具

傳統動畫製作上，從原畫開始，一張張都是用手繪畫出原稿、描邊、上色，再一張張用攝影機拍攝起來。傳統動畫師常用的工具包含鉛筆、透視臺、動畫桌、定位尺、動畫用紙、賽璐璐、著色顏料、碼表或計時器等等。雖然需要大量人力，但製作出來的動畫卻別有一種活潑自然的感覺。

和傳統動畫相比，電腦動畫可以大幅節省人力需求，而且能夠做出極為細緻的成果。

常見的2D動畫製作軟體如Anime Studio Pro®、Opus、US Animation、Toon Boom Animate Pro、Toon Boom Studio、RETAS STUDIO、Adobe® After Effects®、Adobe Flash®、TVPaint Animation等；3D動畫製作軟體則有Autodesk® 3ds Max®與Autodesk Maya®。

雖然電腦可以達成精細的任務，但操作軟體之前，動畫師還是需要一樣的基本功——素描能力以及觀察力，做出來的動畫才會生動活潑；儘管日本動畫邁入數位化製作，一般還是由原畫師、動畫師手工繪製畫稿，再轉成數位稿用電腦軟體進行上色、動畫製作以及後製等工作。

四、動畫製作流程（以傳統電腦上色為例）

1. 前期製作（Pre-production）

(1) 企劃（故事發想／片長／劇情設定／腳本）

(2) 分鏡圖

(3) 人物造型與美術設定（服裝造型設定、場景／背景設定、道具、機械設定）

(4) 色彩設計、色指定

(5) 音樂設定※

2. 中期製作（Production）

(1) 原畫、動畫繪製

(2) 線拍、掃描、電腦上色、人物與背景合成

(3) 動畫特效、總檢查

3. 後期製作（Post-production）

(1) 配音／錄音／音效、影音合成※

(2) 剪輯、後期效果、輸出

(3) 試映、宣傳

※動畫製作時，音樂設定的時程並沒有一定，原則上在初期就會進行配樂、主題曲等相關設定，再委由專業人士製作，等到後製時再將成品合入動畫影片中。

第二章　物理現象

一、物體的運動

　　所有的動畫都以運動規律為基礎，例如造型比例或動作速度上的誇張，它不見得合乎常理，但卻是以真實運動情況做為參考，特別是在動作、物體運動上更要留意細節的安排，才能讓觀眾接受。

1. 跳動

　　自然界的物體運動是有規律的，以簡單的彈跳球為例，把一顆普通的球從階梯上丟下來，它彈跳的路徑會如圖2-1所示：

圖2-1

　　首先要注意到的是，一般的球跳動時路徑是呈拋物線狀的，彈跳的高度因爲地心引力的關係，使彈力遞減而會越來越低；此外，彈跳的距離也會越來越短。

　　球的質感會影響球的彈跳路徑，舉例來說，圖2-1的路徑應該是屬於一個普通彈性的小球，像乒乓球那樣，而非像保齡球那種笨重的大球。如果是有彈性的球，落地接觸地面時，會因爲重力加速度而使球產生擠壓變形，隨著彈起的高度不同，擠壓變形的程度也不一樣，該注意的是球彈起越接近高點，受到地心引力的牽引也會越來越慢，而後向下逐漸加速落下，其彈跳路徑將變成如圖2-2：

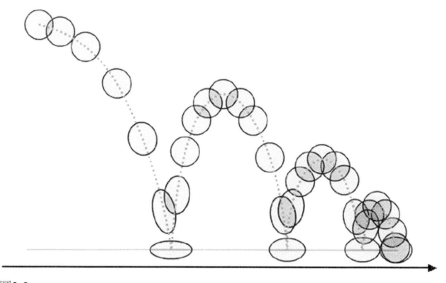

圖2-2

從圖2-1、2-2的例子，可以看出彈跳路徑有一定的規律存在，隨著落地的角度不同，彈起的路徑角度也不同，如下圖2-3：

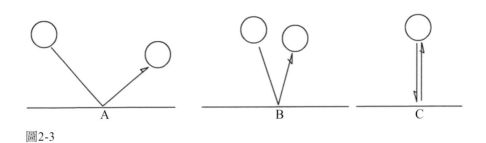

圖2-3

接下來加以發想，跳動的球可能就這麼變成了跳躍的青蛙（圖2-4①）、甚至是誇張翻滾的卡通人（圖2-4②）！造型可以有很多種，只要遵循最基本的彈跳球運動原則，同樣的路徑就能衍生出各式各樣有趣的變化。

①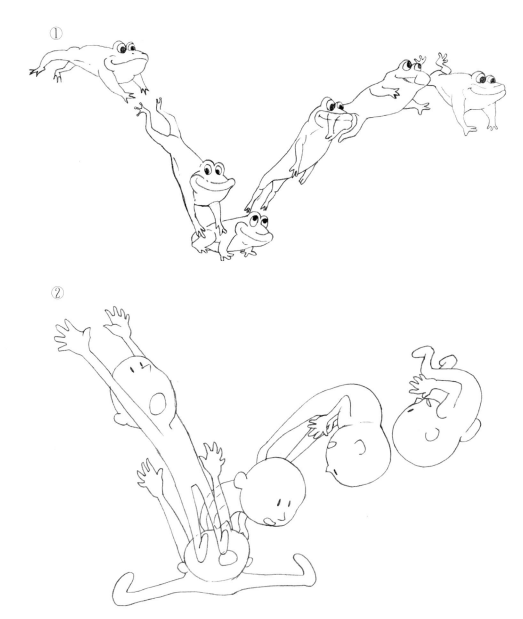

②

圖2-4

2. 轉動

　　要表現出輪子或是圓圈轉動的效果，至少需要三張畫才能表現出來，如果少掉中間的過渡位置，看起來只會得到上下擺動的效果。

　　如果將車輪的輪輻拉大，如圖2-5①，或是利用效果線表示快速轉動，如圖2-5②，再加上良好的速度控制，就可以拍攝出流暢的輪子轉動，同時避免閃動現象的發生。

①

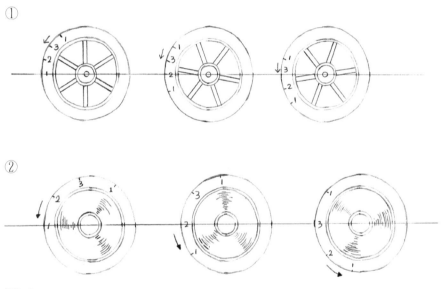

②

圖2-5

3. 重疊與跟隨動作（主要動作與次要動作）

　　基本上一個動作的過程中，有主要動作及次要動作，如下圖2-6，人由腰部用力（主要動作），所以腰部先移動，帶動手臂揮動斧頭（次要動作），如此產生部位先後的移動，稱為**重疊動作**。

圖2-6

　　當主體動作前進（主要動作），帶動了附屬體動作（次要動作），附屬體就產生了**跟隨動作**，如下圖2-7松鼠跳躍中，尾巴被身軀的移動速度帶動，產生了倒S形的跟隨動作。當身軀停止後，尾巴因為衝力會持續往前緩衝，之後再落下定置，如此便產生了重疊動作。

圖2-7

　　另外如下圖2-8，由牛尾的根部使力帶動尾端甩動，如此形成了重疊動作。

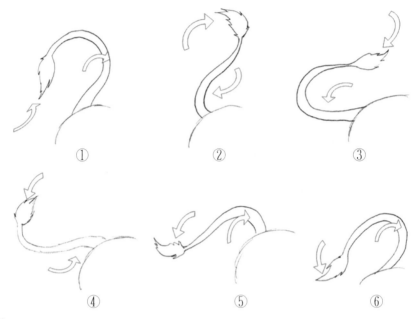

圖2-8

　　重疊動作使角色動作不至於僵硬，並增加角色的靈活度。以圖
2-9「女孩轉頭」的動作為例，①到⑥當中藉由頭部的重疊動作與頭
髮的拖曳、跟隨，讓整個過程顯得有韻律而不呆板。

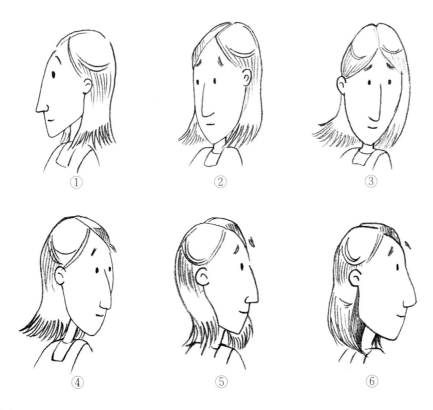

圖2-9

4. 振動

　　在第一章時曾經提過，節奏可以決定視覺效果。反之，有特定的表現需求時，務必決定正確的節奏。同樣是振動，較重的木片（圖2-10，左）和輕巧的紙片（圖2-10，右）振動的頻率不同，繪製動畫時所需要的畫面數與節奏就不一樣。

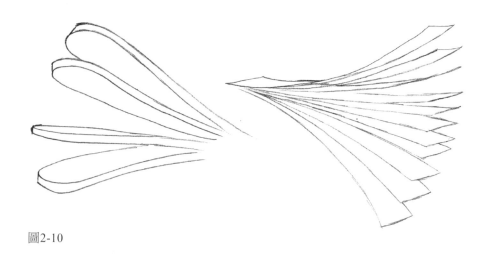

圖2-10

5. 波動（循環動畫）

　　佇立的旗幟因為風的吹動力量，使旗面產生了波動，如果進一步分析，就會發現旗子隨風飄動時除了細部動作重疊發生以外，整體更是由一連串同樣的簡單動作重複進行，如圖2-11從⑥回復到①。

　　像這樣的情形，在動畫製作上就會做成「循環動畫」，也就是將連續動作拆解、細節精準描繪成系列畫面之後，再將整個系列反覆拍攝，達成流動或是連續的效果；在這種方式下要注意，每個循環的第

一張原畫和最後一張原畫是完全一樣的，因此拍攝一個循環結束、進
入下個循環時，應該直接跳回第一張重新拍攝（圖2-12），如此一來動
畫才不會出現停頓。除了旗幟以外，像是流水、繚繞的煙霧、盤旋的
飛機，甚至基本的步行動作等等，都可以用循環動畫的方式來製作。

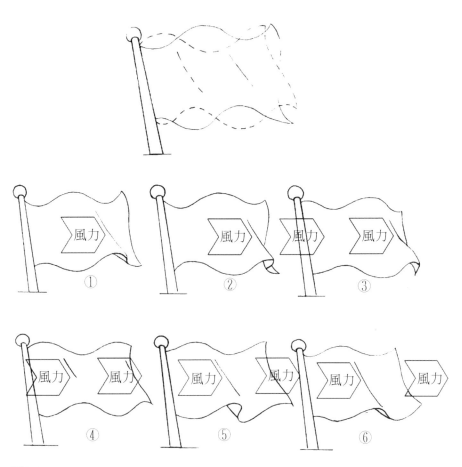

圖2-11

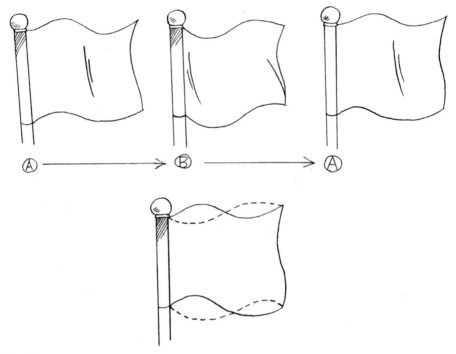

圖2-12

　　繪製旗幟循環的時候，先畫出旗杆做為參考，接著配合旗杆位置
畫出第一張畫，接下來所有的後續動畫就只要參考第一張旗子動畫來
製作即可。

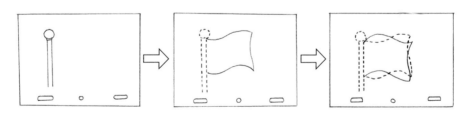

圖2-13

二、自然界的運動

1. 水花、水滴、雨

　　水的特色是有極佳的流動性，沒有固定形狀；同樣是水，河川、溪流、瀑布、山泉、海洋……等等，各有各的運動表現。因此在動畫中表現水時，首先要考慮的就是避免讓動作機械化。

　　將一顆石子丟進池塘裡，可想而知會激起水花；但是如果要用動畫表現，要如何製作呢？圖2-14描述了整個過程：

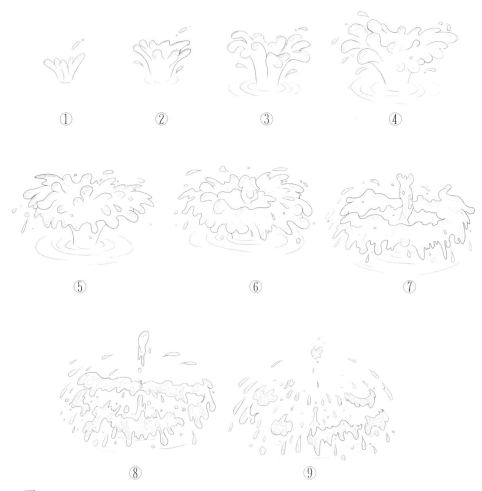

圖2-14

　　首先你要決定丟出去的石頭體積有多大，大石頭激起大片水花，可能像圖2-14⑤，甚至⑨那樣；小石頭則只會濺起幾滴水，例如圖2-14的①或②。另外，水的多寡也會影響水花的表現，若是大石頭丟到水桶裡，亦會因為水量不多、空間狹窄，能夠產生的水花有限，而無法形成漣漪。

　　水管噴水又是另一種表現。因為地心引力的作用，水柱應該沿著拋物線噴灑（如圖2-15①）；當水管移動時，水柱則因受力改變而呈現波浪狀，周圍的水滴也較散亂。作畫上要注意避免讓每一滴水滴的大小形狀太過相近，也無需畫出每一滴水滴的運動變化；繪製動畫時，如果在水柱中加入一些空隙，可以避免拍攝時畫面顫動。

①

②

圖2-15

　　當水從水龍頭或水管口一點一點慢慢滴出來時，除了地心引力之外，還會受到水的附著力與內聚力影響，過程動畫可參考圖2-16。

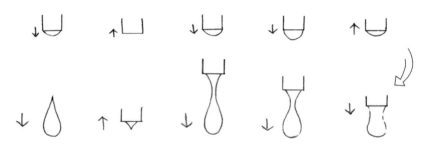

圖2-16

　　下雨是另外一種形式的水滴表現，在動畫裡要表現出下雨的情景時，可以分成雨絲（圖2-17）和雨滴（圖2-18）兩部分。

圖2-17

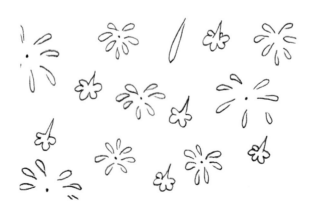

圖2-18

　　用不固定的角度描繪雨絲，可以讓雨景顯得生動，雨勢大小則可由雨絲密度以及傾斜程度來表現。繪製雨水打在地上形成雨滴時，不要讓雨滴分布太過整齊，以免流於機械化，也不一定要和雨絲互相連結；雨滴的密集程度也可以表現雨勢的大小。

2. 風

　　風是流動的空氣，無法直接描繪，所以通常用效果線（圖2-19）或是其他物體的擺動來表現，例如植物隨風搖擺（圖2-20）、循環動畫裡介紹過的旗子飄動等。

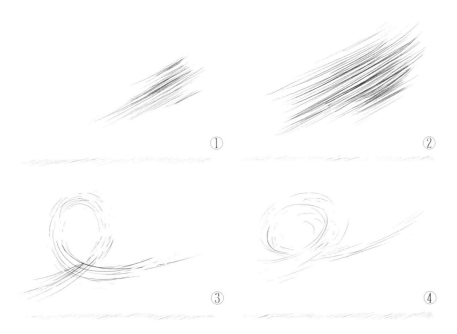

①　　　　　　　　　　　　　　　②

③　　　　　　　　　　　　　　　④

圖2-19

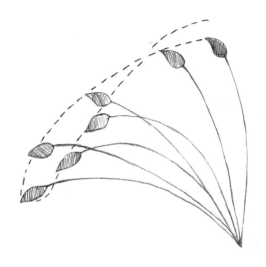

圖2-20

　　作畫時要留意同一場景的風向要一致。另外，即使風速相同，物體的材質、重量都會影響到飄動的表現，因此必須考慮其合理性。

3. 火、煙霧、爆炸

　　燃燒時，火焰因空氣流動而產生躍動般的視覺效果。空氣受熱後密度變小往上升，周圍的冷空氣便流入火焰之中遞補，過程大約如圖2-21所示；不斷循環的結果，讓我們所看到的火焰始終保持著運動狀態，直到熄滅。

　　為了保持火焰的跳躍感，首先要注意，方向一定是由底部逐漸上升，大致呈現下寬上窄的錐體，頂端會有跳動的火花或火星，且火堆不會一直維持同樣的形狀。大火堆時空氣流動需要的時間比較長，小火堆較短，且火焰形態也比較簡單（圖2-22），除此以外，兩者並無

差別。

　　燃燒的過程多半會產生煙霧。和火焰一樣，煙霧的運動方向也向上，但通常是緩緩的往空中飄升，並逐漸淡去，速度上必須妥善安排，整體動作才不會顯得機械化。

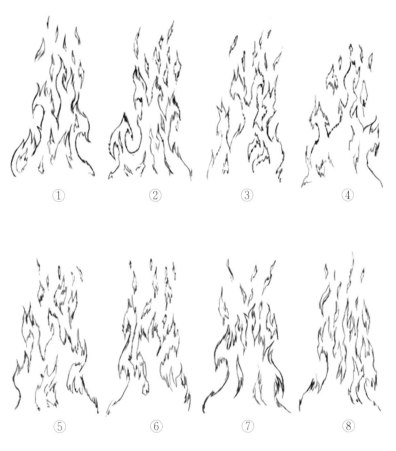

①　　　　　　②　　　　　　③　　　　　　④

⑤　　　　　　⑥　　　　　　⑦　　　　　　⑧

圖2-21

①　②　③　④

圖2-22

　　以圖2-23香菸的燃燒爲例，剛開始是細細的一絲煙，接著在上方

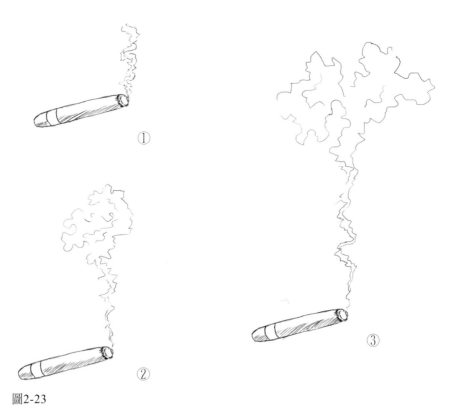

①

②

③

圖2-23

累積較明顯的煙團，靠近香菸的地方維持細煙絲；隨著時間進行，上方的煙團更大更明顯，但從香菸冒出來的煙絲一樣是細細的一條。

　　從排氣管冒出來的煙是另外一種形態（圖2-24），通常是以一團一團雲狀的煙霧表示；因為經過排氣管加速排放，所以不會往空中飄散。這種情況下為了表現韻律感，最好是可以用不同形狀大小的煙團交替出現，讓畫面更生動自然。圖2-25與圖2-26提供了另外兩種不一樣的上升煙霧畫法，可視場景所需加以參考。

圖2-24

圖2-25　　　　　　　　　　圖2-26

　　表現爆炸或是火災所造成的煙霧時，多半會用團狀的雲霧表示，如火山噴發或核彈爆炸的蕈狀雲，或是中空的煙團（圖2-27）。

圖2-27

　　「爆炸」是瞬間發生的動作，過程相當快速短暫，所以在準備爆炸的階段必須加以鋪陳，預告觀眾接下來的發展（即爆炸發生），但除非特別設定用慢動作表現，否則準備爆炸的鋪陳不宜太長，以免失去緊張感。爆炸的瞬間要加強視覺表現，可以增加效果線、小煙團、星星等等（圖2-28），讓爆炸場景更加有趣味。

圖2-28

第三章　動物

一、飛鳥與飛蟲

　　鳥類的飛翔向來給觀眾流暢優雅的印象，要達到動作流暢的效果，必須先了解鳥類振翅的階段動作，一個基本的飛翔過程分解從側面看，如圖3-1：

圖3-1

　　從正面看過去，可以發現鳥類在飛翔的時候，翅膀是分階段運動的（圖3-2），身體並隨之上下起伏。遵循類似的基本原則，圖3-3到圖3-6提供了不同的鳥類飛行的動作範本。

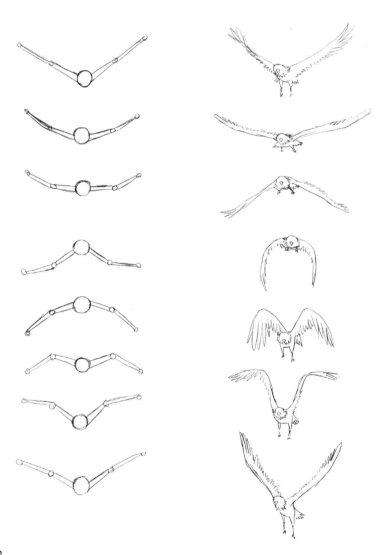

圖3-2

圖3-3

圖3-4

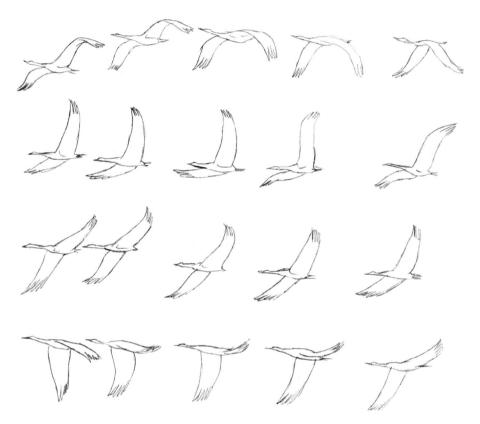

圖3-5

圖3-6

　　前面提供了不同鳥類以不同角度飛行的姿勢，整體而言，飛行過程中的振翅動作可以簡化爲圖3-7的模式：

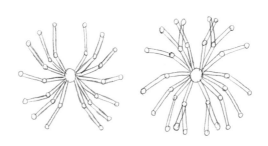

圖3-7

可以發現，飛行過程也是重疊動作，通常翅膀尾端動作的開始會稍晚於翅膀中段的動作，而當翅膀靠近身體的部分已經改變方向時，尾端部分還會延續原本的動作方向。

　　圖3-8描繪的則是鳥著陸的動作。注意圖中鳥兒在空中如何調整翅膀的動作和尾羽的位置，使身體重心逐漸下移，並增加阻力以減緩飛行速度；著陸動作的後期，鳥兒會伸出雙腳、彎曲翅膀以減少推進力，最後再接觸地面（或樹枝、棲木）而順利著陸。

　　同樣是飛行，不同品種，甚至是不同體型的鳥類在動作上會略有差異，昆蟲的飛行方式更和鳥類截然不同。上述原則適用於大部分的鳥類飛行，但昆蟲就不能如此套用。

　　昆蟲的飛行軌跡看起來比較凌亂（圖3-9），和鳥類相比，昆蟲飛行時翅膀振動頻率較快、動作較少，安排動作時必須表現出輕快靈動的感覺。

圖3-8

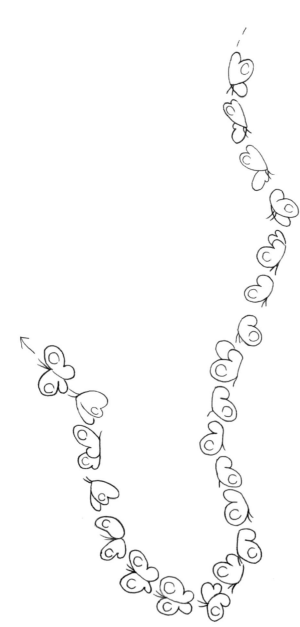

3-9

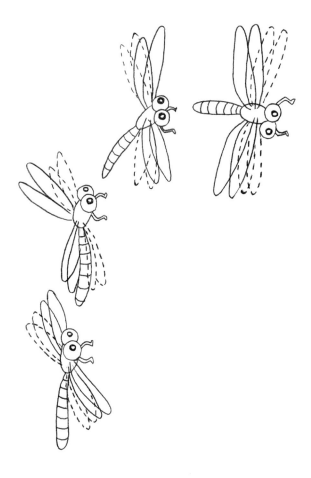

圖3-10

二、走獸

1. 步行

　　四足動物的行走步驟大致上是一樣的：後腿－前腿、後腿－前腿，先完成一側，再完成另外一側（圖3-11），腿的細部動作分解可參考圖3-12。頭微微向前傾，臀部隨著四肢的動作微微擺動。步伐的時間長短取決於動物本身體型、行走的目的等等，比方說馬一秒以內即可完成一步，大象完成一步可能要一秒半，而貓的體積雖小，潛行的時候一步可能也需要一秒半。

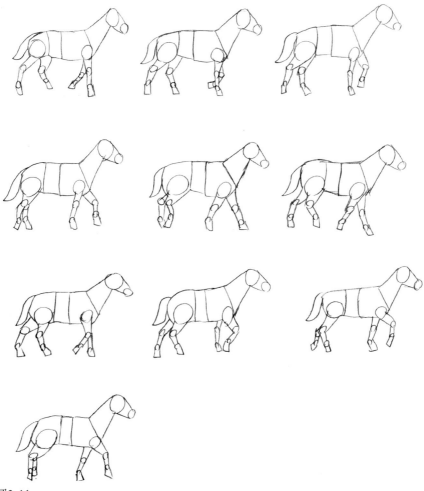

圖3-11

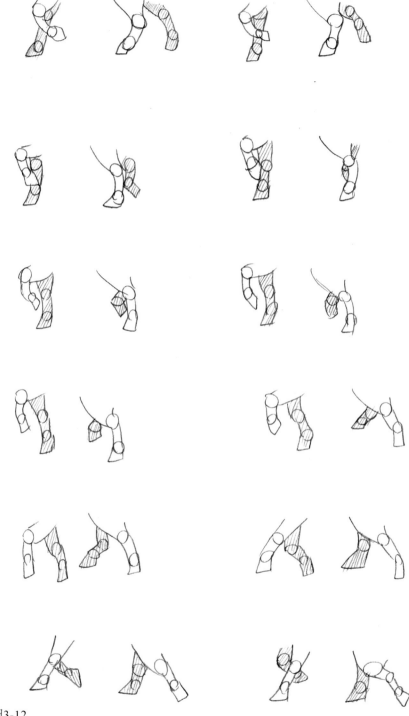

圖3-12

　　以同樣的步行原則，改變體型，調整頭頸、肩部與臀部的動作線條，就可以畫出各式各樣四足動物的行走動畫（圖3-13）。

圖3-13

　　同樣的體型設計，藉由改變四肢及頭頸動作，亦可以營造出不同的步行效果（圖3-14）。

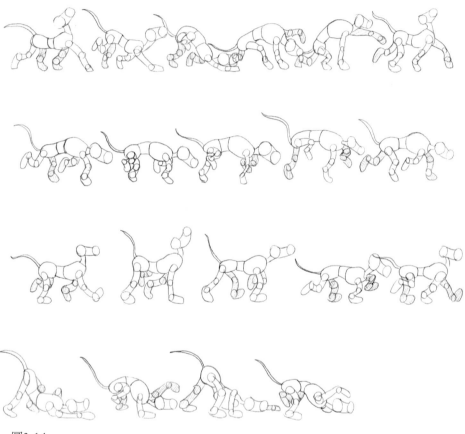

圖3-14

2. 奔跑

　　奔跑看似快速的步行，但動作上有所差異；不像前述四足動物的基本步行原則，不同動物的奔跑動作不盡相同，因此必須先針對要繪製的動物進行觀察，比較容易製作出帶有眞實感的奔跑動畫。

　　舉例來說，馬的奔跑有小跑步（圖3-15）與快跑（圖3-16）兩種，兩者運動過程都會有四腿騰空的時候，但快跑時會以三腿離地做爲騰空前的準備與騰空後的緩衝；小跑步時則只有兩腿離地，經過一個過渡姿勢後，換腿進入下一次的騰空階段。

圖3-15

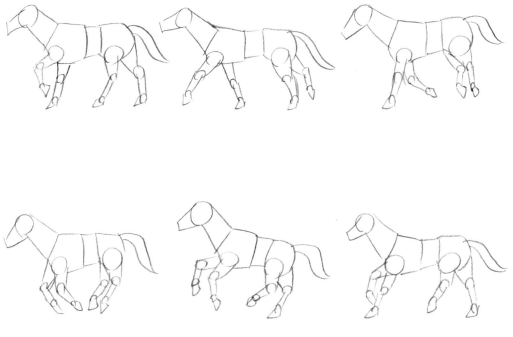

圖3-16

　　圖3-17除了快跑之外，另外加入了飛躍，可以看到整個過程循著弧形的動作線運動，增加韻律感。

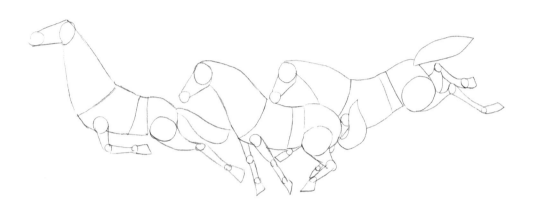

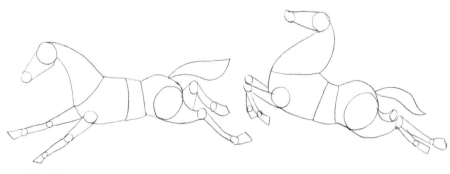

圖3-17

　　若是要營造輕盈的跳躍，可以參考圖3-18的畫法。要留意這裡只依①到⑧的順序畫出重要的過程，可能必須視實際拍攝需求加入更細的動畫；透視畫法可參考圖3-19。

　　圖3-20描繪從後方看過去的奔跑動作，透過腿部的伸縮營造出躍動的感覺。

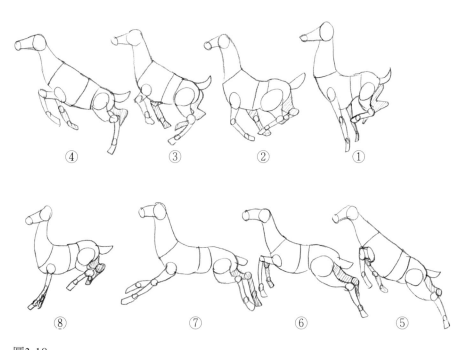

圖3-18

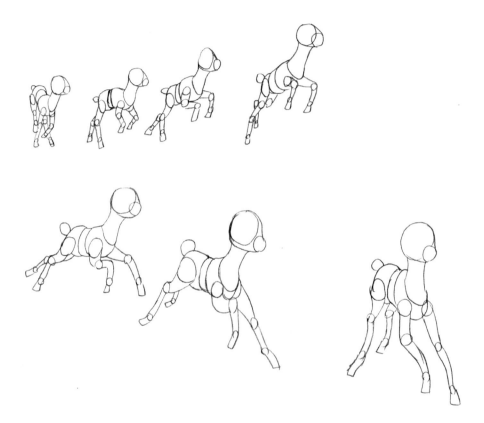

圖3-19

圖3-20

3. 跳躍

　　不同於小鹿、羚羊等奔跑動作中帶有踢躍的動作，有些動物如兔子（圖3-21）、袋鼠（圖3-22）、青蛙等等，是以跳躍的方式移動的。注意一般動物在開始會先蹲低為跳躍做準備，第二步驟時前腿離地、後腿伸長開始彈跳，第三步時四肢騰空，第四步時落地，整個過程呈現弧形的曲線。

　　昆蟲的彈跳動作比較簡單，四肢的動作比較沒有彈性，拍攝的時候要表現出輕巧的感覺（圖3-23）。

圖3-21

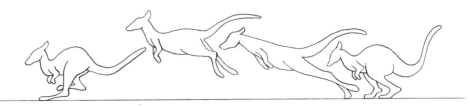

圖3-22

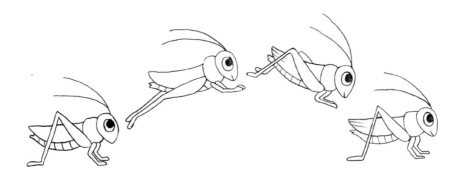

圖3-23

三、水生動物

　　魚類、鯨豚身體呈流線形以減低運動時水的阻力，並藉由魚鰭、尾鰭的擺動調整方向與前進速度，因此繪製魚游動的畫面時，除了身體的運動以外，還要留意加上魚鰭的擺動，畫面會更自然。

　　另外，魚游動的時候會有搖擺的感覺，因此從上方俯瞰時，動作線的設定上可以依循波浪模式（圖3-25），保留輕柔的感覺。

圖3-24

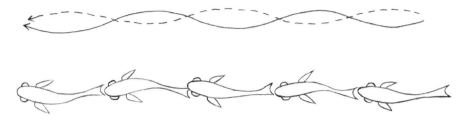

圖3-25

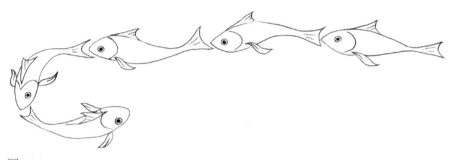

圖3-26

第四章　人物的畫法

　　繪製人物之前，首先要掌握角色的特徵，清楚賦予形象以及個性，並和其他角色做出區隔，才能畫出讓觀眾印象深刻的人物（圖4-1）。因此，作畫之前必須先對角色進行詳細人物設定。

阿頓　　　飛鼠　　　阿杰　　　阿嬤　　　Savi

圖4-1

一、男女老幼

　　性別是造成身體特徵差異的最主要原因，所以設定人物的第一步要決定角色的性別。以寫實畫風來說，通常男性身體大致為上寬下窄的體型（圖4-2），女性則是上窄下寬（圖4-3）；男性一般身高較高、骨架較大，比較強調肌肉的線條表現，女性骨架則較為纖細，多半用比較柔和的線條來描繪。

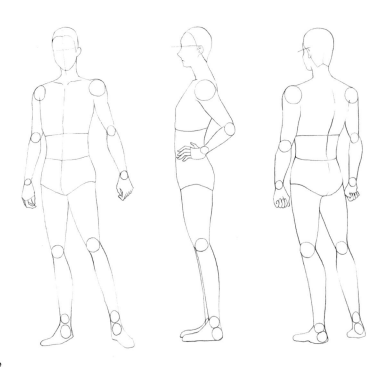

圖4-2

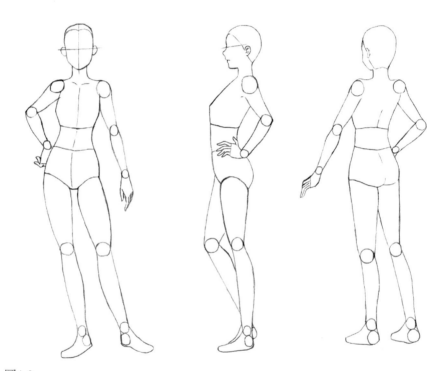

圖4-3

　　年紀是另外一個影響體型表現的重要因素，圖4-4～圖4-6表現的
是不同年紀的男女身形的差異與變化。兒童時期的男女體型差異不明
顯，因此同樣是男性，小男孩的骨架和成年男子相比就顯得較為纖
瘦。表現年長者時，通常會加入駝背、稍微矮小等等形象，除了皺
紋，男性角色也很常加上鬍鬚來表現年老的感覺；動作則常選用較緩
慢的節奏，強調步履蹣跚的感覺，但實際情況還是必須依照角色設定
來安排，假設要描繪的是個老當益壯的武術高手，除了給予老化的外
型以外，還是要維持靈活的動作，才能符合設定需求。

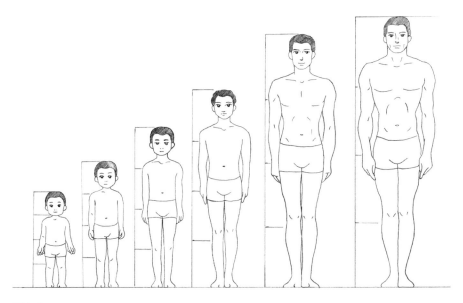

圖4-4

圖4-5

圖4-6

　　如果走的是可愛的Q版畫風，身材比例就比較不受限，不論男女老幼都採用圓滑的曲線表現出可愛的感覺（圖4-7～圖4-11）。

圖4-7

圖4-8

圖4-9

圖4-10

圖4-11

　　同樣是可愛版的人物，歐美的卡通風格和前面所提供的範例就不
太相同：線條簡單，比較有稜角，如圖4-12的畫風即屬此類。

圖4-12

二、構造比例

　　繪製人物時，雖是以人體解剖學架構為繪畫基礎，但不需一一畫出所有細節，只要視設定與風格需求，正確表現出必要骨架、肌理，就能賦予動畫角色恰到好處的自然感。以骨架來說，圖4-13所描繪的是繪製動畫人物時注重表現的肌肉線條以及對應的骨骼架構：

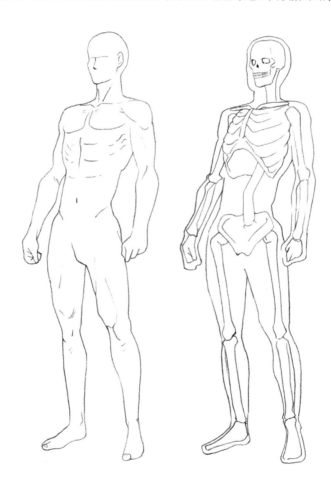

圖4-13

　　在圖4-14之中，則是簡化肌肉線條、強調骨架的各個角度。配合角色設定安排細節，用正確的骨架堆疊出的人體才會帶給觀眾眞實感。肌肉的表現可以參考圖4-15，不過一般在繪製動畫的時候並不會鉅細靡遺的畫出肌肉線條，反而是常常著重用在表現壯漢、肌肉男等角色上。

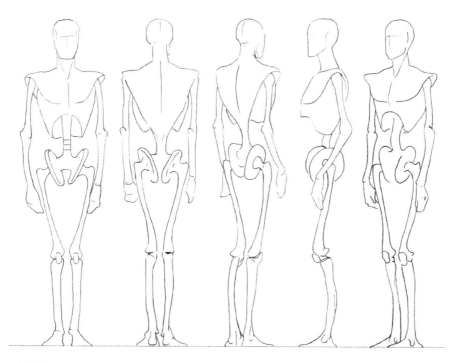

圖4-14

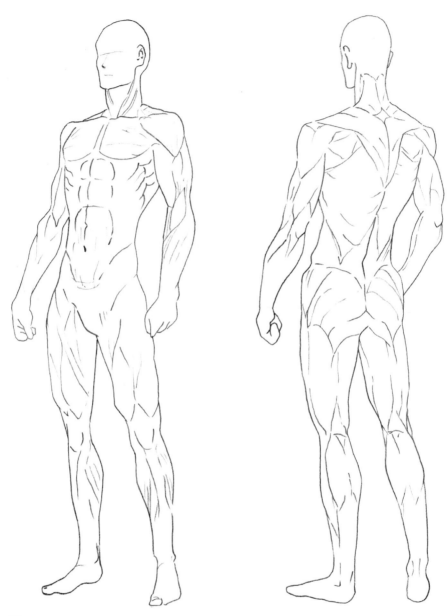

圖4-15

　　在一般的動畫劇情中通常不會直接看到內臟器官，但了解器官
位置（圖4-16）可以讓小動作更加生動，例如胃痛抱著肚子時手的位
置、手放在心口時該擺放在左胸大約第二到第六肋骨之間等等。

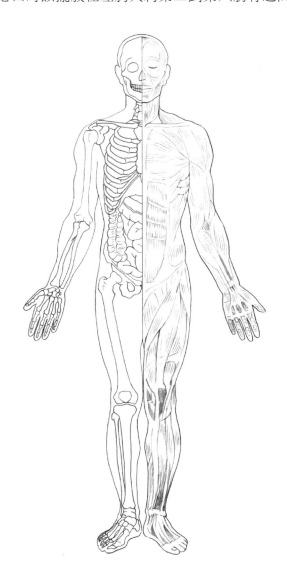

圖4-16

三、頭部的細微表現

　　掌握人體架構的認識之後，以下針對頭部的繪畫細節提供範例，包含頭形與髮型、眼形、口形、耳朵和鼻子的形狀等等。

1. 頭形、髮型

　　繪製頭部的時候最重要的是畫出立體感，人的頭大致上呈現球體，特別在畫側面、後方、斜後方等等不同的時候，要把頭的立體厚度表現出來。先以球體為基礎畫出大概，再根據設定需求加以伸縮變形，並配合頭形的弧度加上頭髮（圖4-17～圖4-20）。

　　畫頭髮的時候，先決定髮際線，可以讓髮型更顯自然，再根據造型需求加以延伸；描繪頭髮細節時，線條最好能表現出柔軟的感覺，人物造型會更具真實感。

　　另一個可以表現人物個性的細節是下巴。除了形狀上的差別以外，一般來說，如果要表現較為柔和的氣質時，作畫就不要太強調下巴的線條，因為尖銳的下巴線條容易帶給觀眾個性強勢的感覺。

圖4-17

圖4-18

圖4-19

圖4-20

2. 眼形

　　眼睛是靈魂之窗，也是最能表現人物性格特色的器官，本段落提供各式各樣的眼形參考（圖4-21～圖4-23）。一般來說，圓潤的大眼睛給人可愛的印象、充滿朝氣感，半瞇、往上吊的眼睛給人嚴厲或發怒的感覺，下垂的眼角則往往讓人看起來比較沒有精神或是個性比較溫吞。

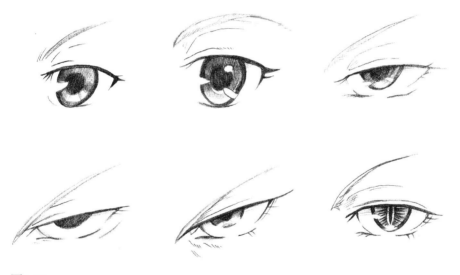

圖4-21

　　同樣形狀的眼睛，藉由增加眼皮、眉形、眼角皺紋或陰影等細節，或是改變黑白眼的比例等等，也會讓角色呈現不同的感覺。作畫的時候另外要注意眼睛是球體，不僅要以弧線表現眼瞼，畫不同的角度時也要讓眼睛的形狀跟著改變。眼睛看起來自然，人物也就會更生動。

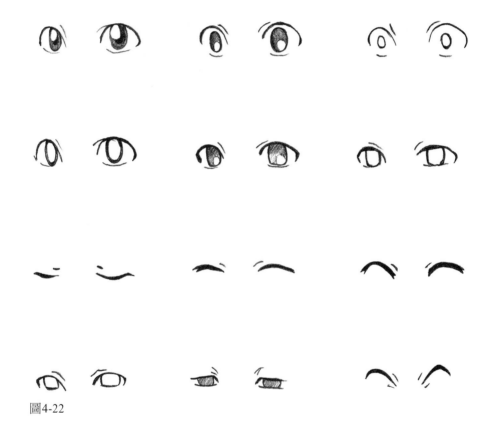

圖4-22

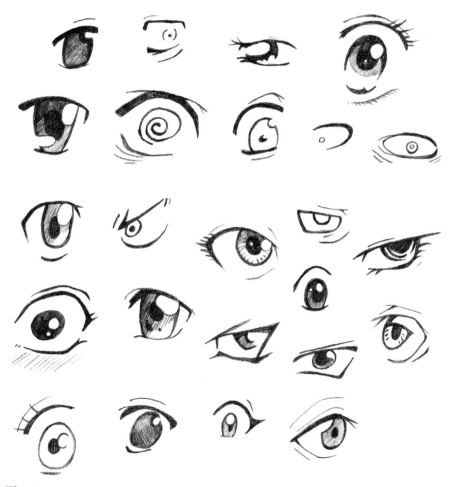

圖4-23

3. 口形與聲音配合

　　口形（圖4-24、圖4-25）也是可以表現角色情緒的器官，緊抿的嘴唇可能是緊張也可能代表不悅，嘴巴大張或許是吃驚，也有可能是生氣大吼，甚至可以是大笑；可見不同的口形傳達出不同的情感，再配合其他的五官，就可以組合出各式各樣有趣的表情。

　　口中的牙齒與舌頭的表現也可以適時增加趣味，常見的像是看見美食的時候微微伸出舌頭舔嘴唇、強忍怒氣時緊咬牙關等等。

　　對動畫來說，口形另一個重要的作用在於和聲音完美配合、營造出動畫角色真正在說話的感覺。要做出恰當的嘴形同步，平常可以多觀察人在講話時嘴部的運動，製作動畫時要一併考量角色人物的設計、說話的場合與發話者的情緒等等；另外，安排嘴形與聲音同步時，要確保口形動作的發生畫面一定要早於聲音發出的畫面，看起來才會自然。

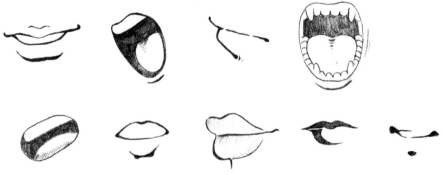

圖4-24

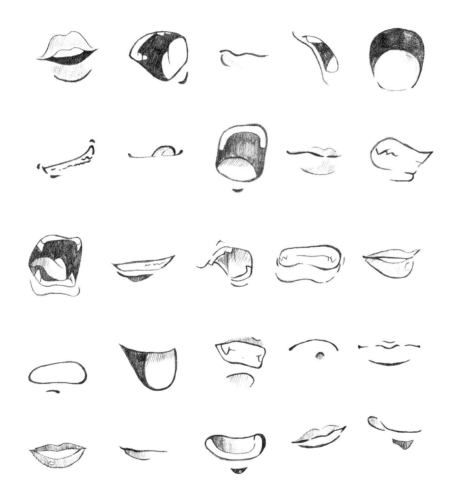

圖4-25

　　以下（圖4-26開始）提供了實際動畫製作上、繪製同一人物不同口形的範例，注意做口形變化的時候，角色的其他五官（表情）並不會跟著改變。

圖4-26

圖4-27

圖4-28

① ② ③ ④ ⑤ ⑥

圖4-29

圖4-30

圖4-31

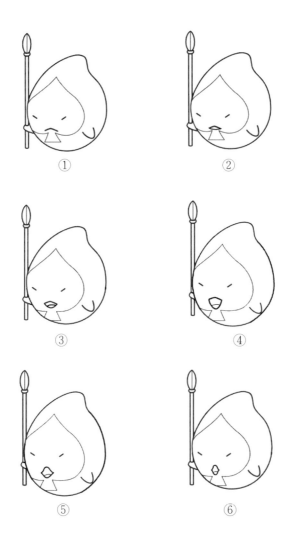

圖4-32

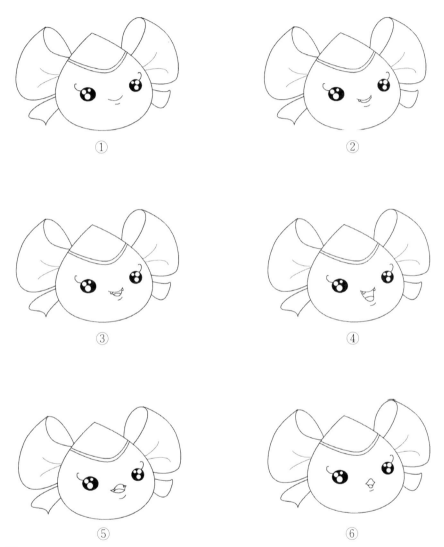

圖4-33

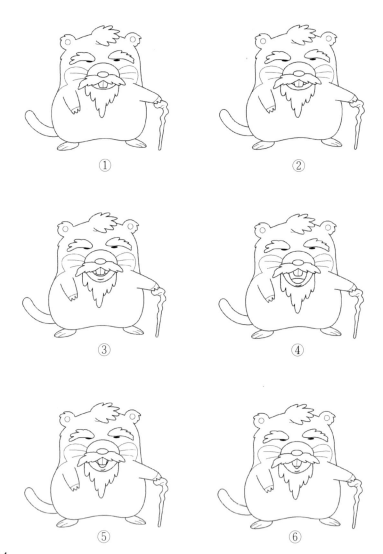

①　②　③　④　⑤　⑥

圖4-34

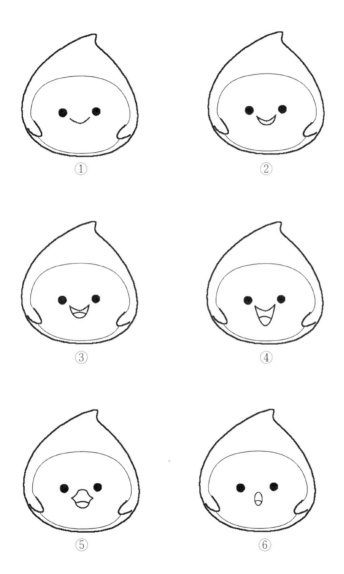

圖4-35

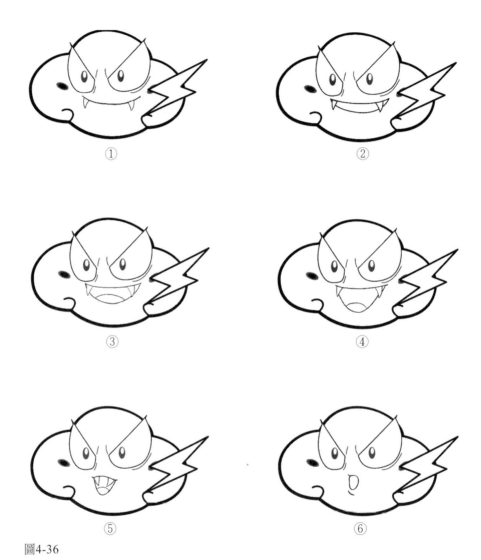

圖4-36

圖4-37

圖4-38

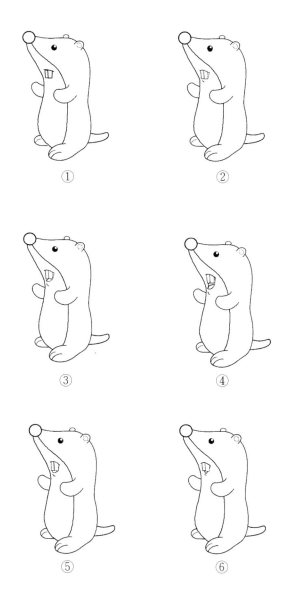

圖4-39

①   ②

③   ④

⑤   ⑥

圖4-40

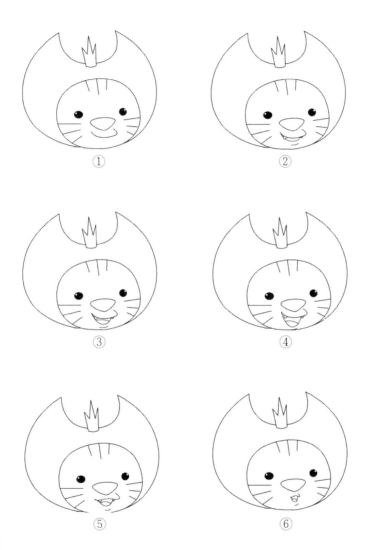

圖4-41

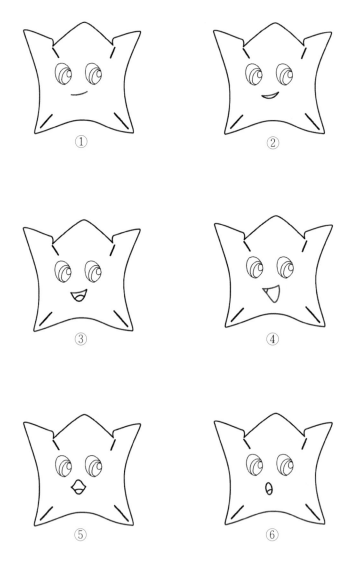

圖4-42

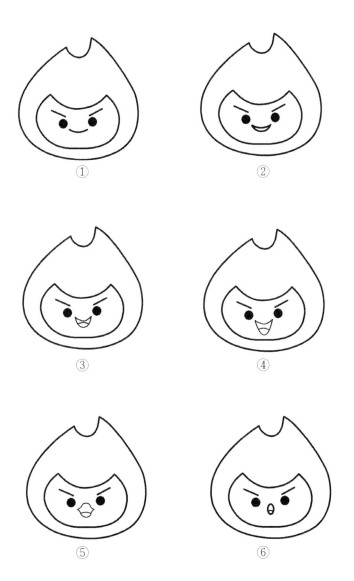

圖4-43

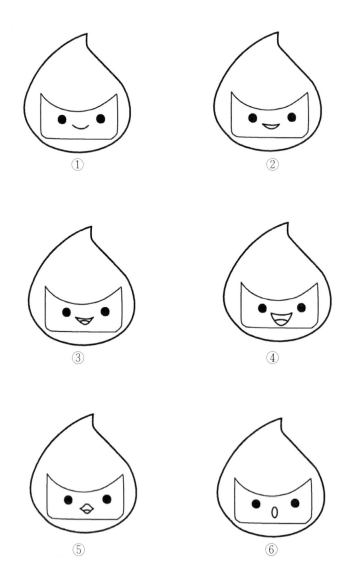

圖4-44

4. 眉毛、耳朵與鼻子

眉毛（圖4-45）、鼻子（圖4-46）與耳朵（圖4-47）的動作雖然比較少，卻能給人物形象或是臉部表情帶來畫龍點睛的效果。

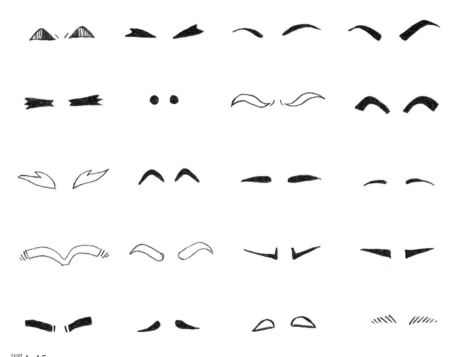

圖4-45

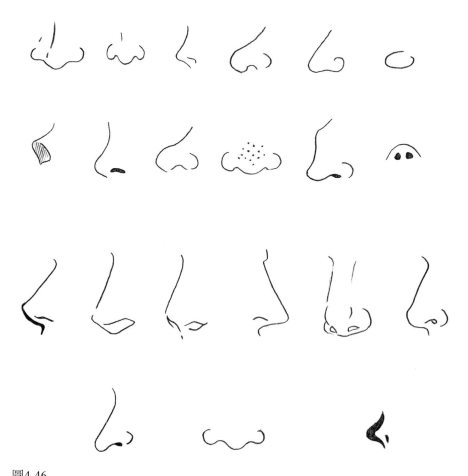

圖4-46

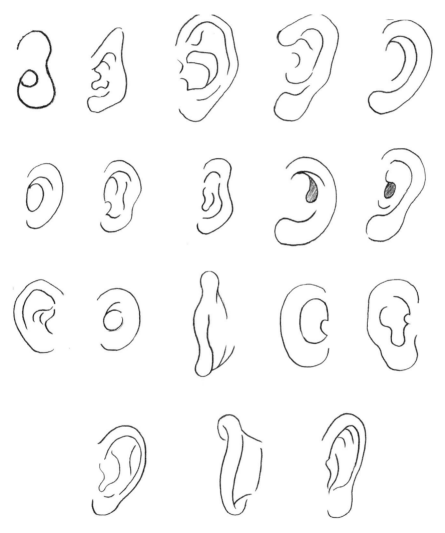

圖4-47

四、表情

　　不論是人或是擬人化動畫角色，喜怒哀樂等表情都是由五官組合表現而成，只要熟悉前面提供的五官範例，就可以組合出多種表情，不論是人物（圖4-48～圖4-54）或是擬人角色（圖4-55～圖4-62），使用在動畫角色上，讓人物表現更顯活潑。

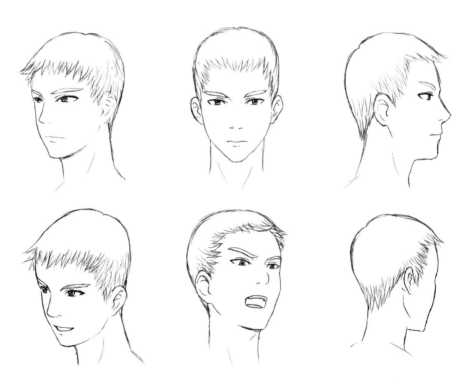

圖4-48

圖4-49

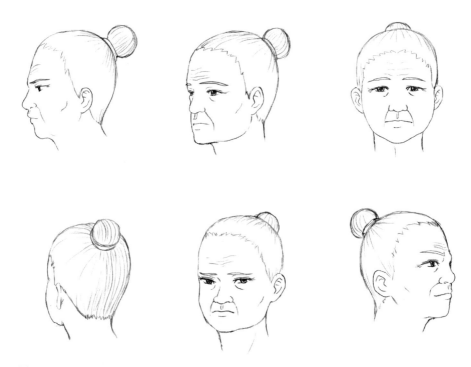

圖4-50

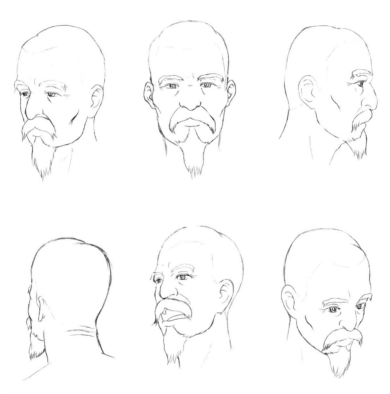

圖4-51

圖4-52

圖4-53

圖4-54

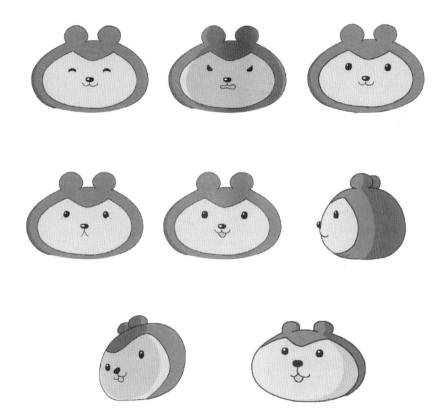

圖4-55

圖4-56

圖4-57

圖4-58

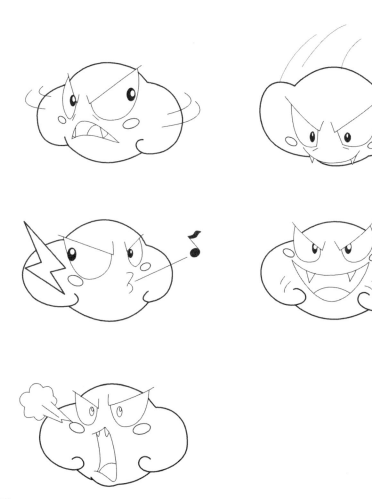

圖4-59

圖4-60

圖4-61

圖4-62

五、上半身

1. 軀幹

　　軀幹除了表現體型胖瘦、壯碩或是纖弱等特徵（圖4-63～圖4-70）以外，更是直接影響到角色的身材比例。一般而言，如果上下半身比例太接近（五五身或四六身），畫出來的人物看起來就不高，因此作畫時如果要強調身高，通常會拉長下半身（腿部）的比例。

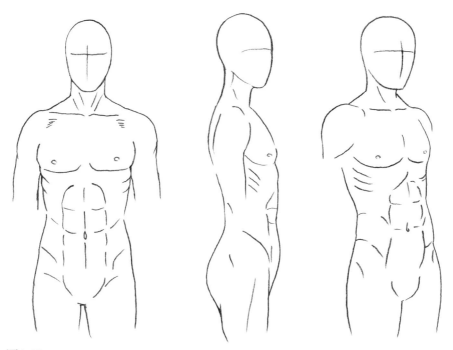

圖4-63

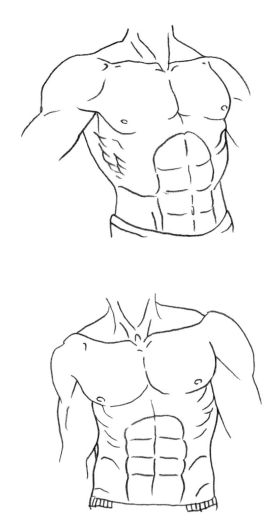

圖4-64

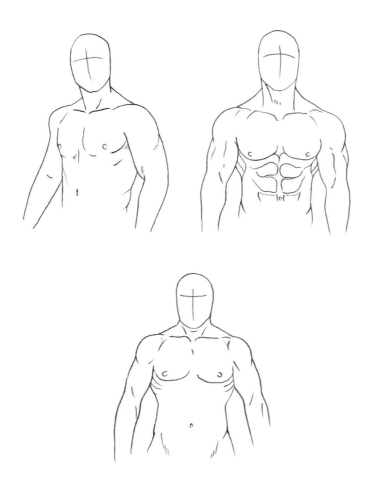

圖4-65

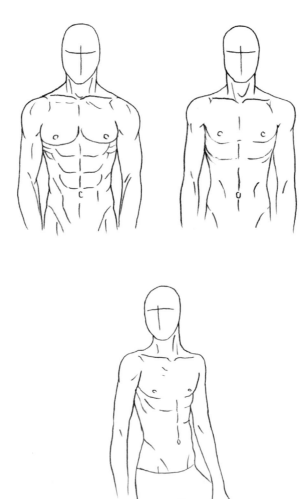

圖4-66

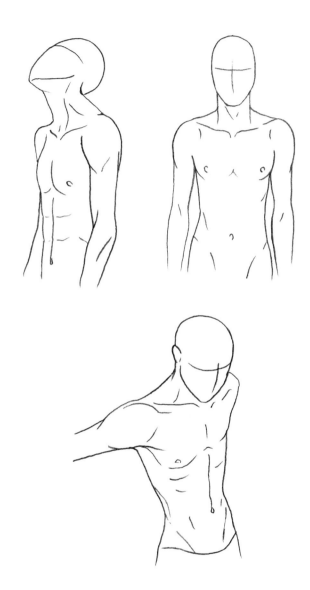

圖4-67

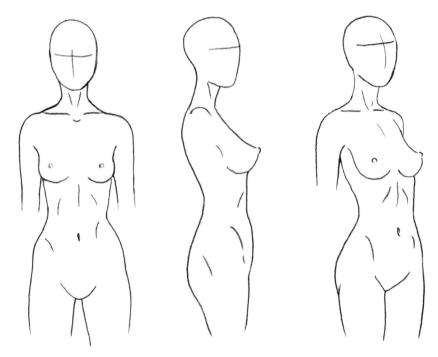

圖4-68

圖4-69

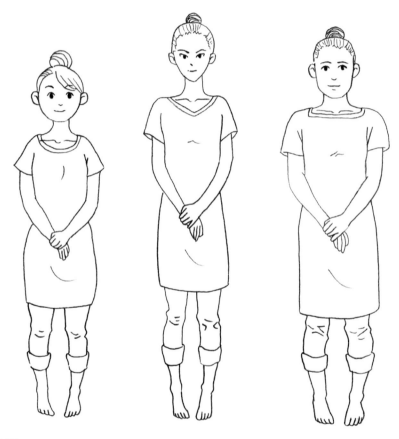

圖4-70

2. 手形與手部動作

　　人的手有許多關節（圖4-71），因此可以非常靈活的做出多種複雜、細微的動作，甚至輔助表達角色情緒，但也因此造成作畫上的困難。繪製手部動作的時候，如果覺得細節太多太過複雜，可以先將手粗略分成幾個大區塊，找出比例位置後，再畫成一般手的樣子（圖4-72）。

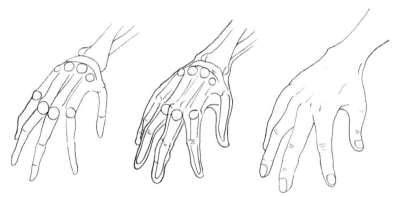

圖4-71

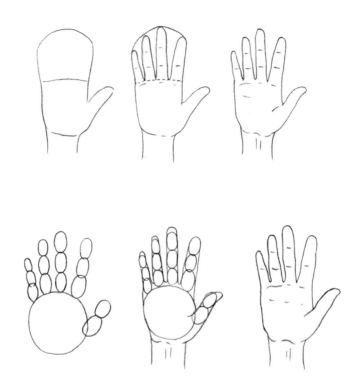

圖4-72

　　一般來說，畫女性的手時會強調纖細修長，男性的手則相對較粗大，關節也較明顯，但還是要根據人物設定來作畫，可以讓角色更具說服力。手有各式各樣的伸展、抓握等姿勢，作畫時要一併考慮角度造成的視覺變形，各種手部動作可以參考以下各範例（圖4-73～圖4-77）。

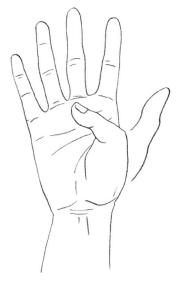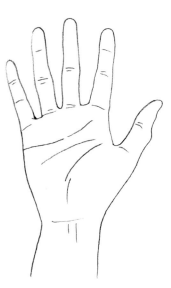

圖4-73

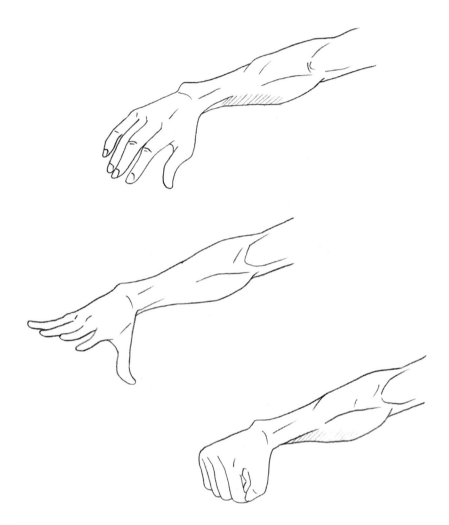

圖4-74

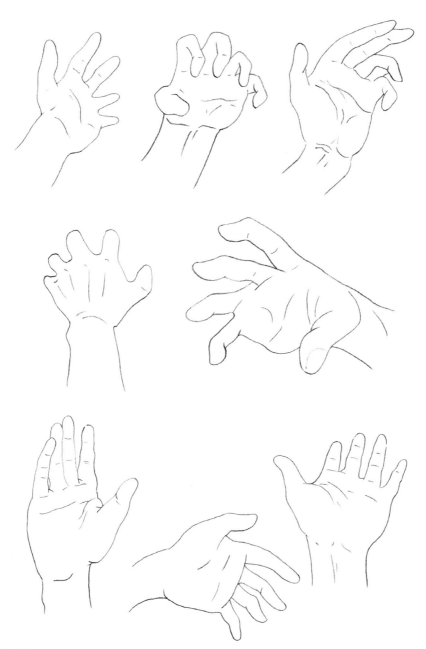

圖4-75

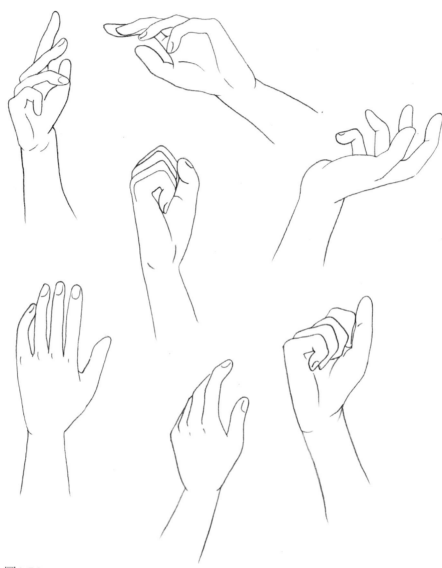

圖4-76

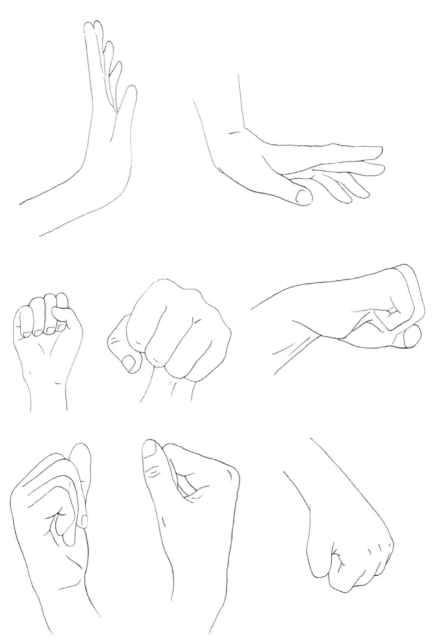

圖4-77

六、下半身

　　雖然下半身包含腰、臀、腿、腳四個部分，畫人物的時候多半比較注意的是腿長比例，以及動作姿態的部分；以平常的站姿來說，正面看來雙腿應該自然分開成八字形（圖4-78），小腿肌肉分布在後方，因此畫背影時要在小腿背面加上肌肉線條，會更有立體感（圖4-79）。另外，膝蓋不只區分大小腿，也可以調整腿長比例，畫的時候要留意畫在適當位置。

　　其他繪畫上比較需要注意的是一些通則，例如：男性臀部略呈方形、女性臀部較為渾圓；女性角色通常比較不強調腿部的肌肉線條；但男性，特別是壯漢，就會注意在腿部加上肌肉，畫成較粗壯的樣子；另外畫一般人的站姿時，要確實畫出和地面相連的感覺，以強調角色的存在感。

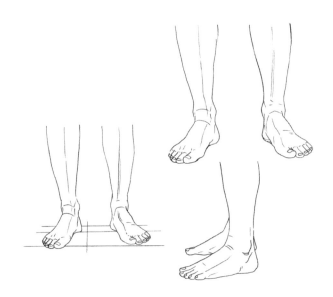

圖4-78

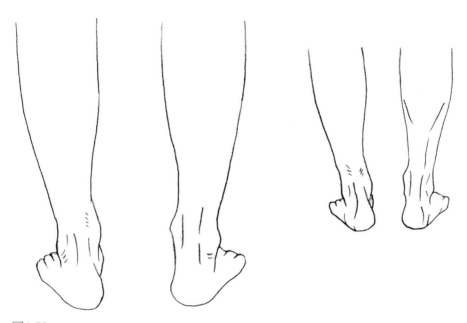

圖4-79

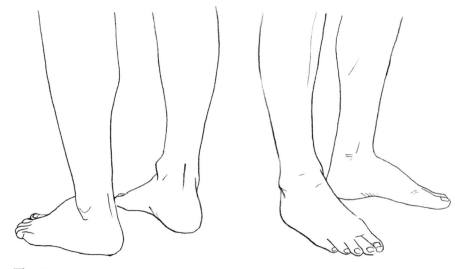

圖4-80

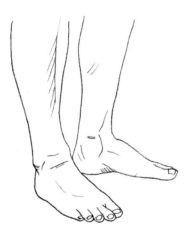 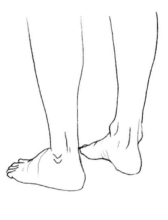

圖4-81

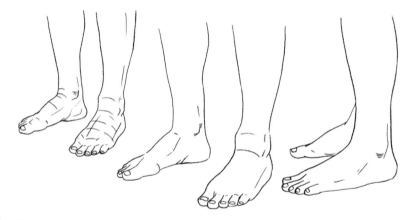

圖4-82

　　腿部也有很靈活的姿勢,特別是在表現跳舞時,要充分表現出動作的流暢感。圖4-83提供了一連串跳舞時的腿部動作,包含膝蓋彎曲、腳踝扭轉、腳尖踮起等等,臀部的位置也會配合舞步時高時低。整體而言,身體循著弧形的動作線舞動,做出來的動畫就可以得到流暢的效果。

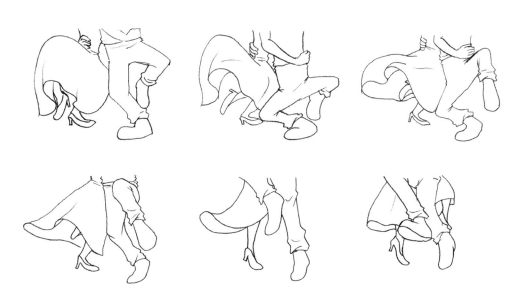

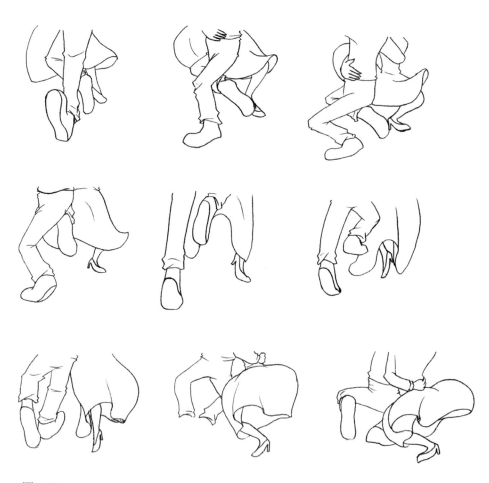

圖4-83

　　人的腳呈現弓狀，腳掌則略呈8字形，要畫出肌肉線條來增加立體感（圖4-84），如果省略掉肌肉線條，看起來就像鞋底呈現完全的平面。畫整隻腳的時候，腳踝、腳跟、阿基里斯腱等部位也要適度的以線條表現出來（圖4-85），可以增加真實感，也讓人物看起來更細緻。儘管腳踝的動作相對來說比較少，腳趾的表現在畫動畫人物的時候也可能沒有詳細畫出來，但以寫實風格設計人物的時候，正確增加這些細節，人物就會更生動。

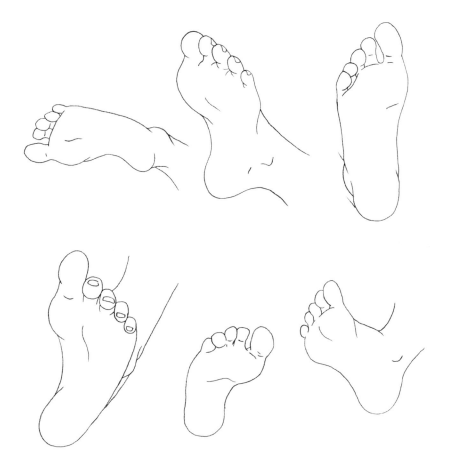

圖4-84

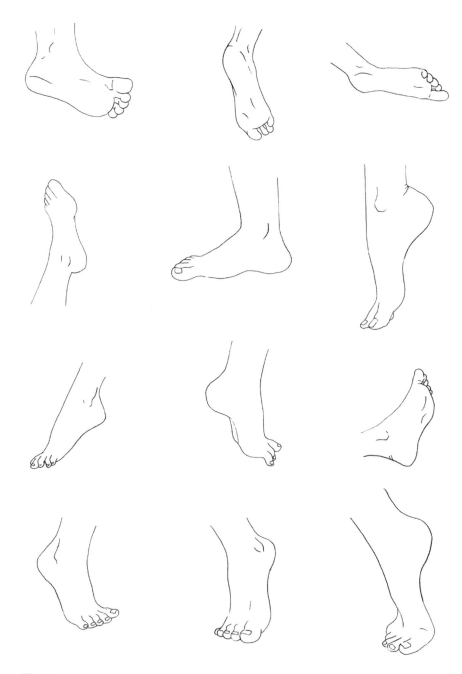

圖4-85

七、姿態

1. 坐姿

坐姿（圖4-86、圖4-87）的動作變化比較少，但因爲身體、腰部與腿部的彎曲，畫坐姿的時候，比例可能會跑掉而使得畫面不自然，所以下手作畫之前要先徹底了解整個身體坐下來時的架構變化。

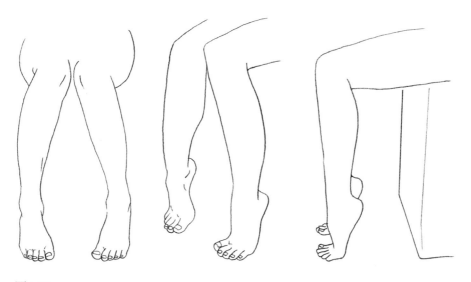

圖4-86

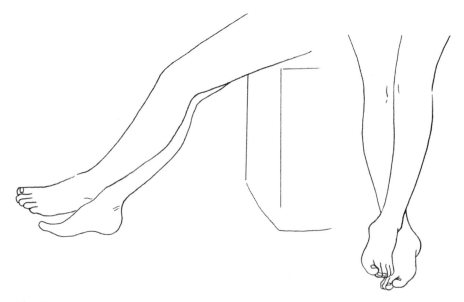

圖4-87

2. 走

　　走路是最基本的動作，要做出生動流暢的走路動畫，第一步是決定節奏。節奏來自於角色的體型、個性、當時的心理狀態以及劇情需求，掌握正確的節奏之後再配合加上動作以及變化，就可以做出生動的走路動畫。

　　所有的走路都來自於一樣的基本架構，一開始可以先用簡單的人偶（如圖4-88）來練習，把握動作與節奏之間的關係後再漸漸加入細節（圖4-89）與變化（圖4-90～圖4-92），最後換成設定好的動畫角色。

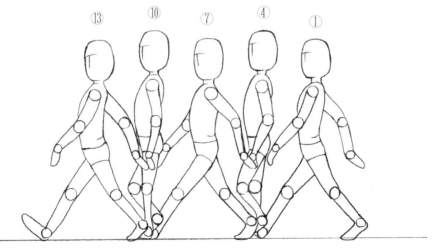

圖4-88

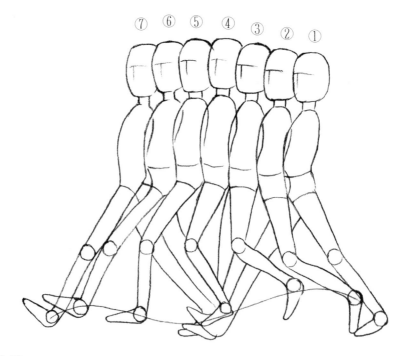

圖4-89

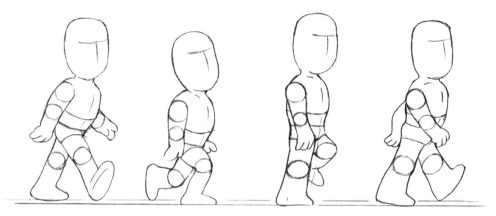

圖4-90

圖4-91

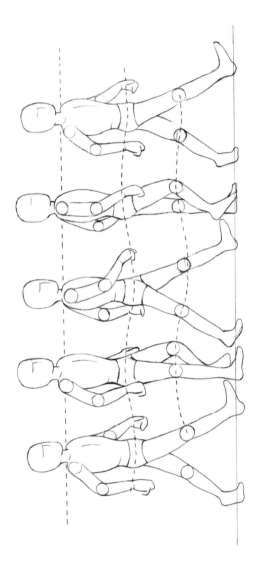

圖4-92

　　走路的姿態和人物體型、年齡、個性都有關係。女性的走路步伐比較小，動作比較含蓄內斂（圖4-93）；男性的步伐較大，動作比較外放也比較有力（圖4-94）；表現年輕人走路可以用昂首闊步、輕快活潑的動作姿態，老年人步伐就比較緩慢、比較小心，可能拄著枴杖或略微駝背；學走路的小孩走路也比較緩慢，步伐不太穩，有點搖搖晃晃，跨出每一步的時候都是小心翼翼的；喝醉酒的人走路雖然搖搖晃晃、步伐不穩，但走路的軌跡會相當紊亂，無法成一直線。

圖4-93

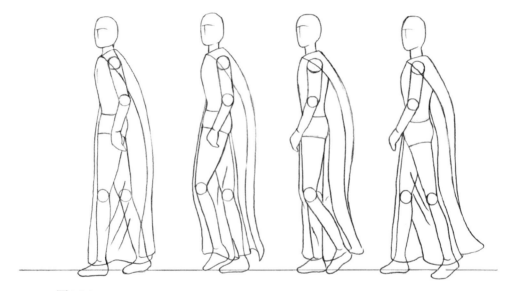

圖4-94

　　表現體型壯碩或微胖的人走路，要把重量感做出來，重心往下壓在雙腿，而且越胖的人就越明顯；孕婦雖然也是承受很大的身體重量，重心卻是向後、微微挺起肚子。除了緩慢的步伐以外，還多了一些小心的姿態，例如撫摸肚子，或是用手撐著腰際等等，呈現出完全不一樣的走路模式。

　　個性積極的人走路時通常抬頭挺胸（圖4-95），相對的，彎腰駝背就常用來表現沒有自信、失意、沮喪等情緒（圖4-96）。另外，外物也會影響行走姿勢，單手舉著東西（圖4-97）、單手提物（圖4-98）、托舉沙袋（圖4-99）、雙手扛重物（圖4-100）等等，走路姿勢都和兩手空空時稍微不同；特別是製作扛重物的動畫，從一開始彎下腰，到雙手扛起重物，中間有很多不可或缺的過程（圖4-100、圖4-101）；製作要點在於適當的預備動作和節奏設定，以便在視覺上賦予觀眾具體的物體重量感。

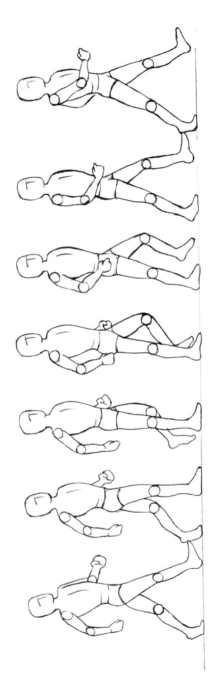

圖 4-95

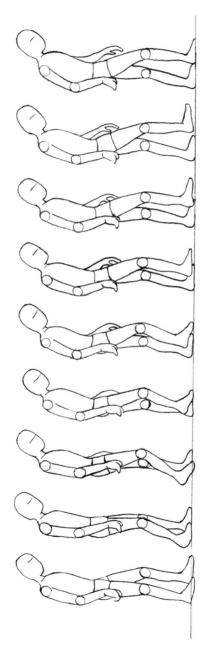

圖4-96

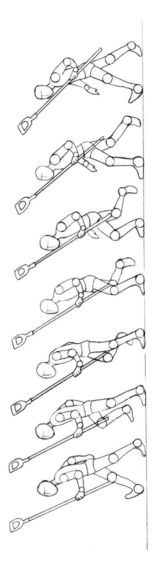

圖4-97

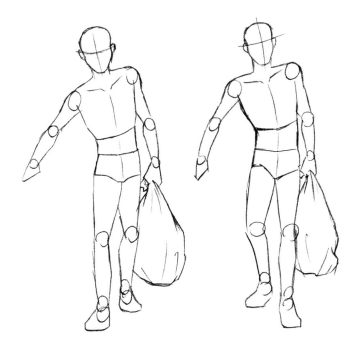

圖4-98

圖4-99

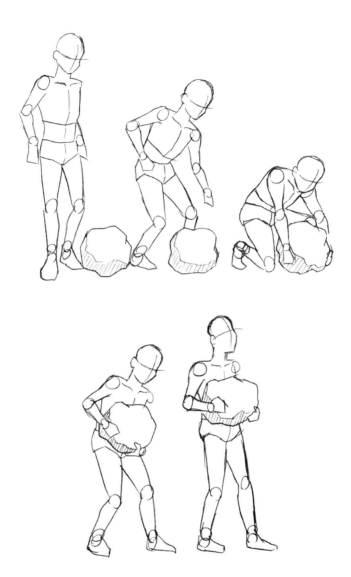

圖4-100

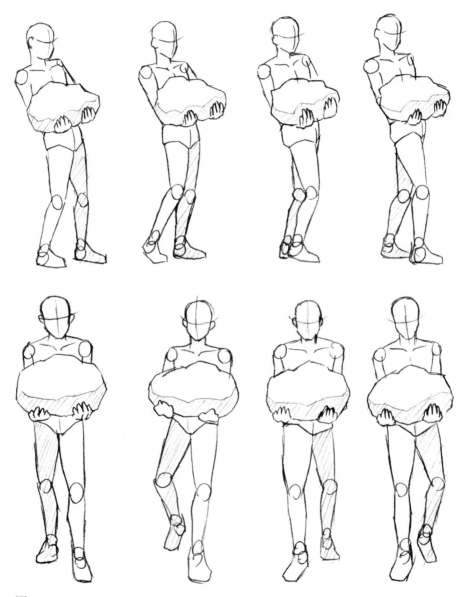

圖4-101

　　比較圖4-102①和圖4-102②可以發現，兩者的動作其實是相似的，但因為托舉的對象不同（小狗vs.石塊）、重量不同，作畫時要確實把細節畫出來，才能確實達成演出。

①

②

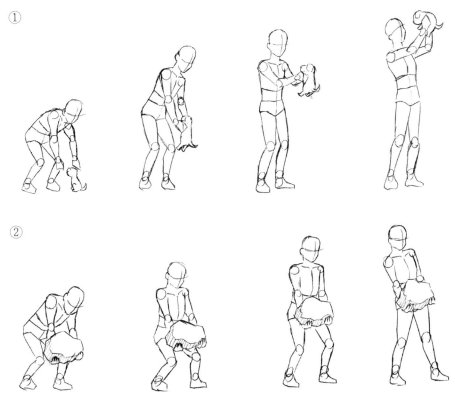

圖4-102

　　跑步是快速的走路，一樣先用人偶來做模擬與練習，以便抓住每個過渡動作的細節（圖4-103～圖4-104），之後就可以嘗試改變體型、調整動作等等，做出各種效果（圖4-105～圖4-108）。製作動畫時要把角色的速度感做出來，可以加上效果線、飛揚的塵土，或是利用景物烘托達到強調高速的效果。

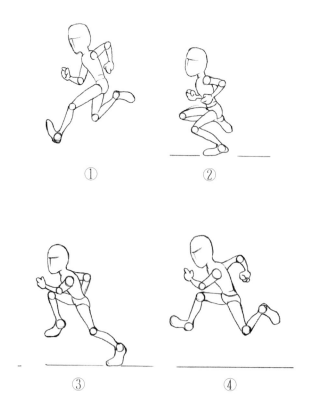

圖4-103

①

②

圖4-104

圖4-105

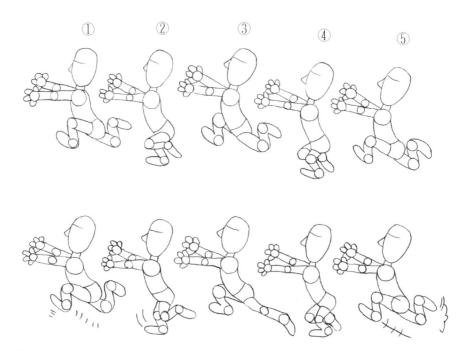

圖4-106

圖4-107

圖4-108

　　另外，跑步還要注意起跑前的預備動作（圖4-109①），以及跑步停止後的緩衝動作（圖4-109②），整體才會流暢不突兀。

①

②

圖4-109

3. 站姿

　　站姿（圖4-110～圖4-121）也能表現出一個人的個性，或暗示角色當下的狀態等等，因此，作畫時也要配合人物設定及劇情需求。

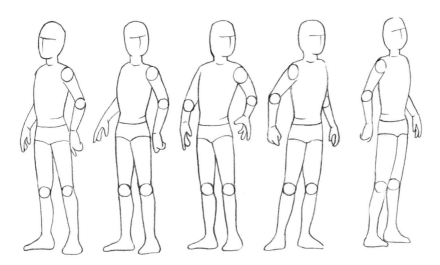

圖4-110

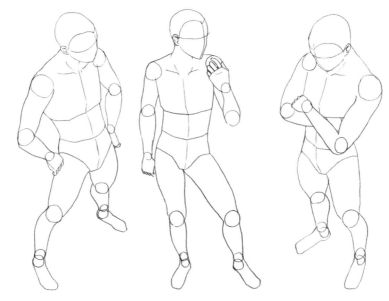

圖4-111

圖4-112

圖4-113

圖4-114

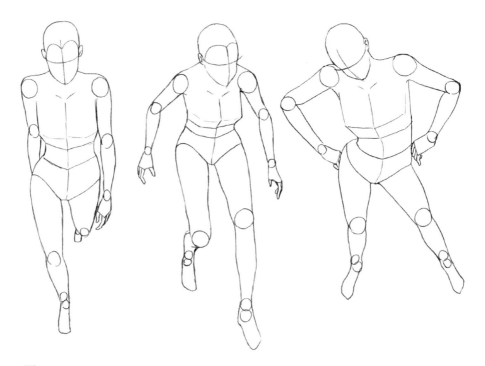

圖4-115

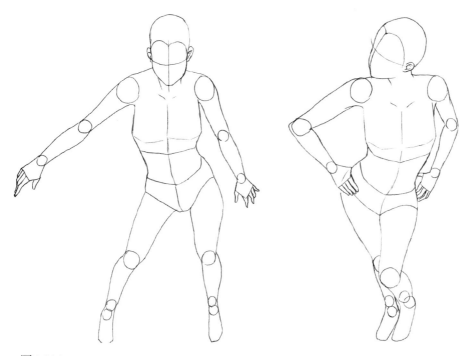

圖4-116

圖4-117

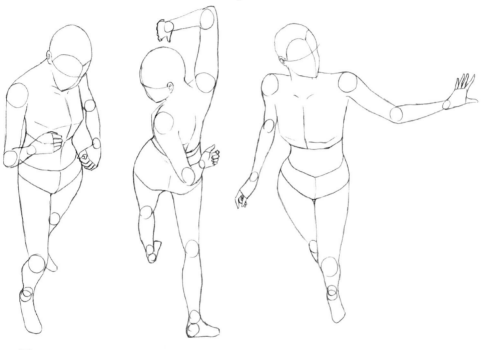

圖4-118

圖4-119

圖4-120

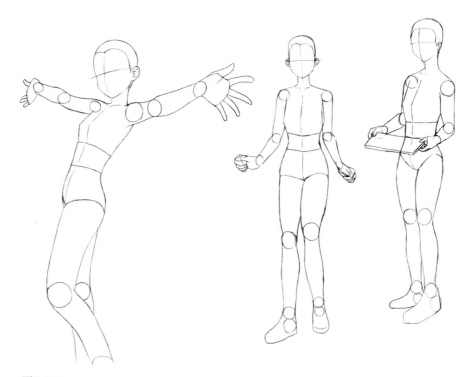

圖4-121

4. 躺

「躺」（包含側躺、坐臥，圖4-122～圖4-130）和「坐」一樣，身體受到動作影響而扭曲，因此作畫時的重點在於掌握各部位的相對比例，避免設定好的人物因為姿勢改變而變形。

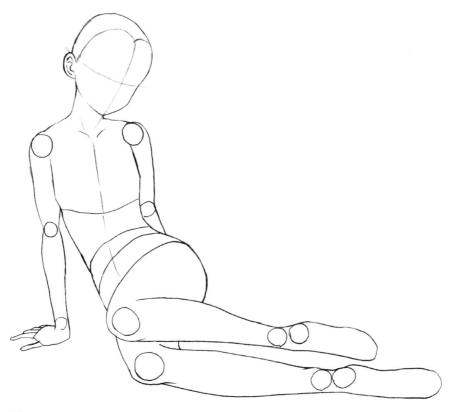

圖4-122

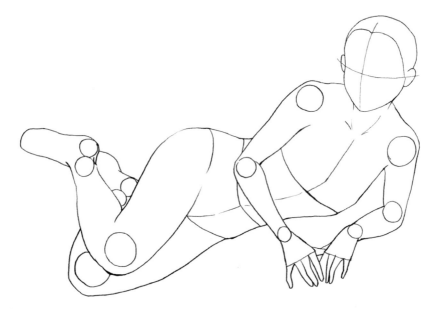

圖4-123

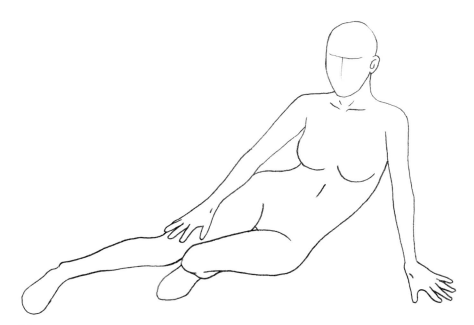

圖4-124

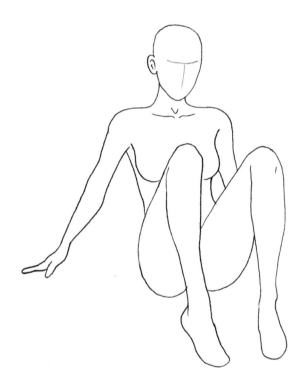

圖4-125

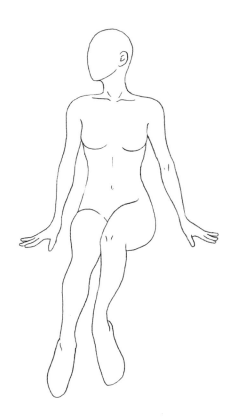

圖4-126

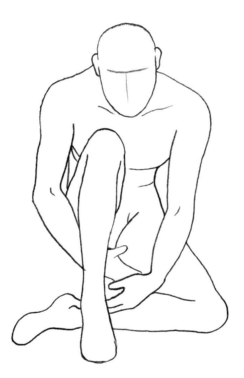

圖4-127

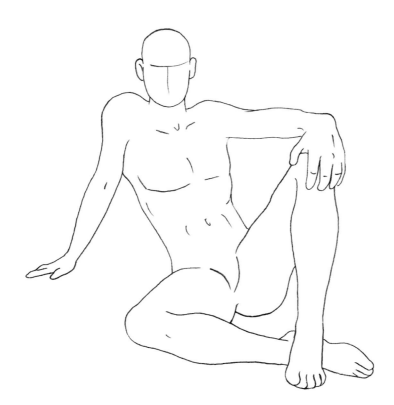

圖4-128

圖4-129

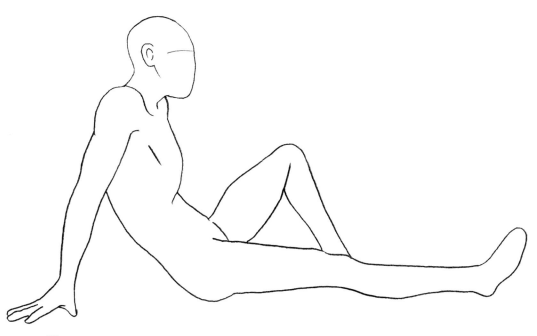

圖4-130

八、變形（誇張）

變形（圖4-131～圖4-134）是動畫當中很常見的手法，特別是美式動畫，常用擠壓（squashing）和伸長（stretching）的手法將人物誇張化，藉以製造娛樂效果或表現諷刺性。必須注意的是，誇張手法雖然可以有效做出趣味效果，但過度使用會讓動畫顯得嘈雜，並且失去深度。

圖4-131

圖4-132

圖4-133

圖4-134

　　另外一種常見的變形手法是改變比例，將人物可愛化，也就是所謂的Q版（cute版）人物（圖4-135）；這是一種起源於日本動漫常見的表現手法，特徵是將一般正常版的人物頭身比例改成二頭身至四頭身，去掉細節，僅保留基本設定。因為外型可愛而相當討喜，但不適合使用在較嚴肅的議題上，多半用於短片、宣傳廣告，或是在動畫中穿插使用。

圖4-135

九、人物設定與轉面

　　所有的動畫在製作之前都必須先經過人物設定的步驟，主要是人物的身形、容貌、造型以及表情等等，經常也包含角色的服裝設計。除了原創故事與人物必須從頭發想角色相關設定以外，像漫畫、輕小說、遊戲等已經有現成角色的作品如果要動畫化，一樣要進行人物設定，讓原本只有平面的人物可以立體的、活靈活現的動起來，此外，必須去除多餘的設定，以減少實際製作動畫上的困難。

　　做好人物設定之後，通常會特別畫出同一角色的正面、側面與背面，做為原畫師、動畫師作畫時的參考，這三種圖合稱轉面圖（又叫三面圖，如圖4-135～圖4-140）。

圖4-135

圖4-136

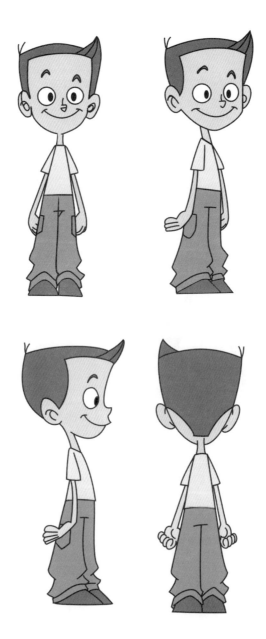

圖4-137

圖4-138

圖4-139

圖4-140

國家圖書館出版品預行編目資料

基礎動畫製作／遠東動畫科技股份有公司作.
－－初版.－－臺北市：五南，2013.09
　面；　公分
ISBN 978-957-11-7258-3（平裝）
1.電腦動畫　2.動畫製作
312.8　　　　　　　　　　102015060

1Y44

基礎動畫製作

作　　　者— 遠東動畫科技股份有公司(469)

監　　　修— 高錦源、高浩仁

審　　　訂— 陳健文、林明杰、涂國雄

企　　　畫— 呂敦偉、高詩婷

發 行 人— 楊榮川

總 編 輯— 王翠華

主　　　編— 陳姿穎

責任編輯— 邱紫綾、徐雅欣

封面設計— 吳雅惠

美術繪圖— 吳佳潔、黃柏豪

出 版 者— 五南圖書出版股份有限公司

地　　　址：106台北市大安區和平東路二段339號4樓

電　　　話：(02)2705-5066　　傳　　真：(02)2706-6100

網　　　址：http://www.wunan.com.tw

電子郵件：wunan@wunan.com.tw

劃撥帳號：01068953

戶　　　名：五南圖書出版股份有限公司

台中市駐區辦公室/台中市中區中山路6號

電　　　話：(04)2223-0891　　傳　　真：(04)2223-3549

高雄市駐區辦公室/高雄市新興區中山一路290號

電　　　話：(07)2358-702　　傳　　真：(07)2350-236

法律顧問　林勝安律師事務所　林勝安律師

出版日期　2013年9月初版一刷

定　　　價　新臺幣280元